BEI GRIN MACHT SICH IHR WISSEN BEZAHLT

- Wir veröffentlichen Ihre Hausarbeit, Bachelor- und Masterarbeit

- Ihr eigenes eBook und Buch - weltweit in allen wichtigen Shops

- Verdienen Sie an jedem Verkauf

Jetzt bei www.GRIN.com hochladen und kostenlos publizieren

Vanessa L

Welternährungssituation - Hunger in der Welt

GRIN Verlag

Bibliografische Information der Deutschen Nationalbibliothek:

Die Deutsche Bibliothek verzeichnet diese Publikation in der Deutschen Nationalbibliografie; detaillierte bibliografische Daten sind im Internet über http://dnb.d-nb.de/ abrufbar.

Dieses Werk sowie alle darin enthaltenen einzelnen Beiträge und Abbildungen sind urheberrechtlich geschützt. Jede Verwertung, die nicht ausdrücklich vom Urheberrechtsschutz zugelassen ist, bedarf der vorherigen Zustimmung des Verlages. Das gilt insbesondere für Vervielfältigungen, Bearbeitungen, Übersetzungen, Mikroverfilmungen, Auswertungen durch Datenbanken und für die Einspeicherung und Verarbeitung in elektronische Systeme. Alle Rechte, auch die des auszugsweisen Nachdrucks, der fotomechanischen Wiedergabe (einschließlich Mikrokopie) sowie der Auswertung durch Datenbanken oder ähnliche Einrichtungen, vorbehalten.

Impressum:

Copyright © 2009 GRIN Verlag GmbH
Druck und Bindung: Books on Demand GmbH, Norderstedt Germany
ISBN: 978-3-656-11646-2

Dieses Buch bei GRIN:

http://www.grin.com/de/e-book/187964/welternaehrungssituation-hunger-in-der-welt

GRIN - Your knowledge has value

Der GRIN Verlag publiziert seit 1998 wissenschaftliche Arbeiten von Studenten, Hochschullehrern und anderen Akademikern als eBook und gedrucktes Buch. Die Verlagswebsite www.grin.com ist die ideale Plattform zur Veröffentlichung von Hausarbeiten, Abschlussarbeiten, wissenschaftlichen Aufsätzen, Dissertationen und Fachbüchern.

Besuchen Sie uns im Internet:

http://www.grin.com/

http://www.facebook.com/grincom

http://www.twitter.com/grin_com

Justus Liebig Universität
Institut für Agrarpolitik und Marktforschung

Welternährungswirtschaft (BP 58)

Welternährungssituation
Hunger in der Welt

Abgabedatum: 26.06.2009

Abstract

Das Thema "Hunger in der Welt" scheint nie an Aktualität zu verlieren, denn in den letzten zehn Jahren hat sich die Situation nur geringfügig verändert. So sinken die Zahlen der Unterernährten in Asien und Südamerika, steigen jedoch in Subsahara-Afrika weiter an, obwohl sich viele Staaten zur Verbesserung der Hunger- und Lebenssituation verpflichtet haben und verschiedene Rechte und Ziele von bedeutenden Organisationen formuliert wurden. Entwicklungsprogramme und Nahrungsmittelhilfe sollen die Hungersituation entschärfen, in die Menschen aus Armut oder aufgrund der Wirtschaftskrise folgendem Preisanstieg für Lebensmittel geraten sind. Diese Programme setzen nicht nur bei Lebensmittellieferungen an, sondern versuchen, die Potenziale zur Selbsthilfe zu stärken, um eine Entwicklung im betroffenen Land voranzubringen und es nicht abhängig zu machen.

Inhaltsverzeichnis

Abstract I
Abbildungsverzeichnis III
Tabellenverzeichnis III
Abkürzungsverzeichnis III
1   Einleitung 1
2   Was ist Hunger? 1
3   Bestandsaufnahme 2
    3.1   Unterernährung 2
    3.2   Menschenrecht auf Nahrung 2
    3.3   Millennium Development Goals 3
    3.4   Welthungerindex 6
4   Hunger hat viele Ursachen 6
5   Ansätze zur Lösung des Hungerproblems 9
6   Fazit 12
Literaturverzeichnis IV

Abbildungsverzeichnis

Abb1: Angebotsrückgang verändert Gleichgewicht.. 7
Abb2: FAO Nahrungsmittelpreisindex.. 8
Abb3: FAO Nahrungsmittelpreisindex verschiedener Nahrungsmittelgruppen...................... 9

Tabellenverzeichnis

Tabelle 1 Anzahl unterernährter Menschen in Millionen... 2

Abkürzungsverzeichnis

FAO   Food and Agriculture Organisation
MDGs Millennium Development Goals
WHI   Welthungerindex
FFPI   FAO Food Price Index

1 Einleitung

Jedes Jahr zur Vorweihnachtszeit findet sich eine Vielzahl von Spendenaufrufen in den Medien, die unter anderem von Organisationen ausgehen, die sich die Reduzierung des Hungers in der Welt als Ziel gesetzt haben. Auch die aktuelle Weltwirtschaft- und Finanzkrise gibt Anlass, sich mit den Problemen der ärmsten Menschen der Welt auseinanderzusetzen. Aber warum verliert der Hunger in der Welt nie an Aktualität? Und wie sieht die derzeitige Situation überhaupt aus? Das Problem ist vielseitig und stellt eine große Herausforderung für die Gemeinschaft dar.

2 Was ist Hunger ?

Hunger ist nicht greifbar und schlecht zu messen, da er eine persönliche Empfindung ist, die unterschiedlich definiert wird. Hunger ist im engeren Sinn ein physiologisches Allgemeingefühl, das den Menschen zur Nahrungsaufnahme veranlasst (Brockhaus, 2001). Anderson meint, Hunger ist eine schmerzhafte Empfindung, die durch das Fehlen von Nahrung hervorgerufen wird und das Fehlen des Zugangs zur Nahrung bedeutet, der immer wiederkehrt und nicht freiwillig ist (Anderson, 1990, S. 1598).

Diese generelle Beschreibung kann weiter differenziert werden. Kracht teilt Hunger in drei verschiedene Kategorien ein:
1. Chronische und regelmäßig wiederkehrende Unterernährung größtenteils infolge von mangelhaftem Zugang zu Nahrung mehrerer Bevölkerungsgruppen
2. Protein-Energie-Mangelernährung besonders bei Müttern und Kleinkindern, ausgelöst durch eine Kombination von Faktoren, wie Bildung, Hygiene, Gesundheit, Nahrungsqualität und –quantität. Besonders entscheidend ist die Versorgung von Kindern vor der Geburt bis zum zweiten Lebensjahr. Wird der Bedarf nicht gedeckt, kann es zu Unterentwicklung, geistiger Fehlentwicklung, hoher Anfälligkeit für Infektionskrankheiten und Tod kommen. Ernährungsdefizite bei Kleinkindern können später nicht mehr aufgeholt werden.
3. Mikronährstoffmangel mit Folgen für die Gesundheit und Entwicklung. Diese Form des Hungers wird auch „versteckter Hunger" genannt.
Beispiele sind Vitamin A-Mangel, Jodmangel oder Anämie infolge eines Eisenmangels (Kracht, 2005, S. 67), (WHI, 2008, S. 27).

3 Bestandsaufnahme

Im Folgenden werden die Entwicklung der Unterernährung und Maßnahmen zu ihrer Messung und ihrer Bekämpfung aufgezeigt.

3.1 Unterernährung

Es fällt auf, dass sich die Anzahl der Unterernährten weltweit kaum verändert hat, es gibt jedoch große Veränderungen innerhalb einiger Bereiche der Erde. Zwischen 1990 und 2005 sank die Zahl der Unterernährten in Asien um knapp 7 % und in Südamerika um knapp ein Fünftel von 35,8 Millionen auf 28,8 Millionen. Ein umgekehrter Trend zeigt sich in Subsahara-Afrika. Dort stieg der Anteil der unterernährten Bevölkerung um circa ein Viertel von 168,8 auf 212,1 Millionen.

Tabelle 1 Anzahl unterernährter Menschen in Millionen

	1990-93	1995-98	2003-05
Welt	841,9	831,8	848,0
entwickelte Länder	19,1	21,4	15,8
Entwicklungsländer	822,8	810,4	832,2
Asien	582,4	535,0	541,9
Südamerika	35,8	33,0	28,8
Subsahara- Afrika	168,8	194,0	212,1

Quelle: faostat

An dieser Entwicklung ist deutlich zu erkennen, dass das Ziel der Reduzierung der Anzahl der Hungernden um die Hälfte bis 2015, wie es während des World Food Summit und des UN-Millennium Gipfeltreffens formuliert wurde, nicht erreicht werden wird.
Dies könnte nur gelingen, wenn jährlich 22 Millionen Menschen von Hunger befreit würden. (Kracht 2005, S. 69)

3.2 Menschenrecht auf Nahrung

In der Resolution 217 A (III) vom 10.12.1948 wurden 30 Artikel verfasst, die die allgemein gültigen Menschenrechte festlegen sollten (Amnesty International, 2009).
In dieser Allgemeinen Erklärung der Menschenrechte wird in Artikel 25 unter anderem festgelegt, dass jeder Mensch ein Recht auf Nahrung hat (Fian, 2009).

Bestandsaufnahme

Auf dem World Food Summit 1996 in Rom, der auf Einladung der FAO der UN stattfand und an dem 185 Repräsentanten von Staaten und verschiedenen Organisationen teilnahmen, wurde nochmals bestärkt, dass jeder Mensch Zugang zu sicherer Nahrung haben solle und die Möglichkeit haben soll, frei von Hunger leben zu können.

Im „World Summit Plan of Action" wurden Schritte zur Erreichung dieses Ziels festgehalten. Die Rate der Unterernährten soll bis 2015 von 800 Millionen auf 400 Millionen halbiert werden.

Es soll sichergestellt werden, dass die Menschen, die heute Zugang zu Nahrung haben, auch in Zukunft darüber verfügen können.

Der Zugang zum steigenden Nahrungsangebot soll allen Menschen ermöglicht werden. Um dieses Ziel zu erreichen, sind der politische Wille zur Lösung der ausstehenden Probleme und eine gesetzliche Festschreibung der Menschenrechte notwendig. Denn nur wenn die Menschenrechte gesetzlich verankert und weltweit gültig sind, können Staaten für eine Verletzung zur Verantwortung gezogen werden (Kracht, 1999, S. 329-330).

3.3 Millennium Development Goals

Im Jahre 2000 haben mehrere Staatsoberhäupter und Regierungen die Entwicklungserklärung angenommen, in der auch die Millennium Development Goals (MDGs) aufgeführt sind, und sich verpflichtet, die Ziele bis 2015 zu erreichen.

Auch hier wird als eine Grundvoraussetzung zur Erreichung der acht in den MDGs festgeschriebenen Ziele eine Verpflichtung zur Einhaltung der Menschenrechte angesehen (UN, 2009).

Folgende Ziele wurden formuliert:

Ziel 1: Extreme Armut und Hunger auslöschen

Dies soll durch eine Halbierung der Zahl der Menschen, die von weniger als 1 $ am Tag leben, und der Zahl der Hungernden bis 2015 und durch Schaffung produktiver Erwerbstätigkeit für alle, auch Frauen und Jugendliche, erreicht werden.

Ziel 2: Erreichen einer weltweiten grundlegenden Schulbildung

Bis 2015 soll sichergestellt sein, dass jedes Kind geschlechtsunabhängig die Grundschule durchlaufen kann.

Bestandsaufnahme

Ziel 3: Förderung der Gleichberechtigung und Erhöhung der Teilhabechancen von Frauen durch eine Beseitigung des Geschlechtermissverhältnisses in Grund- und weiterführenden Schulen bis 2005 und allen weiteren Bildungsstufen bis spätestens 2015.

Ziel 4: Reduzierung der Kindersterblichkeit
Zwischen 1990 und 2015 soll die Sterblichkeitsrate der Unter-Fünfjährigen um $^2/_3$ reduziert werden.

Ziel 5: Verbesserung des Gesundheitszustandes von Müttern
Die Rate der Müttersterblichkeit soll zwischen 1990 und 2015 um $^3/_4$ reduziert werden, indem bis 2015 weltweit der Zugang zu Gesundheitsmaßnahmen während der Schwangerschaft ermöglicht werden soll.

Ziel 6: Bekämpfung von HIV/AIDS, Malaria und anderen Krankheiten
Bis 2015 soll die Ausbreitung von HIV/AIDS gestoppt und die Krankheit zurückgedrängt werden und die Ausbreitung von Malaria und anderen Seuchen gestoppt sowie ihre Ausbreitungsgebiete/Risikogebiete verkleinert werden.

Ziel 7: Sicherung ökologischer Nachhaltigkeit
Einführung der Prinzipien nachhaltiger Entwicklung in politische Programme und Verminderung des Abbaus/Verlusts natürlicher Ressourcen. Bis 2010 eine deutliche Verringerung der Rate des Biodiversitätsverlusts und bis 2015 eine Halbierung des Anteils der Weltbevölkerung ohne Zugang zu sauberem Trinkwasser und grundlegender sanitärer Versorgung. Das Leben von mindestens 100 Millionen Menschen, die in Slums leben, soll bis 2020 deutlich verbessert werden.

Ziel 8: Aufbau einer weltweiten Partnerschaft für Entwicklung
Berücksichtigung der besonderen Bedürfnisse der am geringsten entwickelten Länder, der Binnenländer und kleiner wenig entwickelter Inselstaaten.
Entwicklung eines offenen, regelbasierten, vorhersehbaren und nicht diskriminierenden Handels- und Finanzsystems.
Bereitstellen von erreichbaren, erschwinglichen, lebensnotwendigen Medikamenten in Entwicklungsländern in Zusammenarbeit mit der Pharmaindustrie.

Bestandsaufnahme

In Zusammenarbeit mit dem privaten Sektor sollen die Vorteile neuer Technologie, besonders Informations- und Kommunikationstechnologie, für alle erreichbar sein (United Nations Department of Economic and Social Affairs, 2008).

Im September 2005 fand eine UN-Vollversammlung in New York statt. Bei diesem Millennium +5-Gipfel wurden die Ziele nach langen Verhandlungen lediglich bestärkt, aber keine konkreten Vorschriften für ihre Umsetzung innerhalb der Staaten beschlossen (Fian, 2009).

Die klare Auflistung der Ziele unterstreicht ihre Wichtigkeit und kann vermehrt öffentliche Unterstützung mobilisieren. Allerdings ist die Zielerreichung vom Willen aller Beteiligten abhängig. Die Kosten, die bei der Verwirklichung anfallen, sind über die 15 Jahre gesehen verhältnismäßig gering, aber Erfolge sind dennoch wichtig, um weitere Spender zu überzeugen. Gutes Management und angepasste Investitionen ermöglichen es afrikanischen Gemeinden zu wachsen. Aber kleine ländliche Dörfer fungieren lediglich als Muster für den möglichen Erfolg und erwecken in der Öffentlichkeit einen falschen Eindruck. Sie sind Potemkinsche Dörfer, die von Fernsehteams und Spendern während spezieller Kampagnen besucht werden.

Im Zusammenhang mit dem Millennium-Projekt wurde eine Shopping-list erstellt, die wichtige, sich während der Entwicklung ergebende, Kosten auslässt. Im Bereich Medizin werden kleinere Krankheiten und ausgebildetes Personal, das dokumentiert und Patienten überwacht, ausgelassen. Im Bereich der Bildung werden die Kosten für die Ausbildung zusätzlich benötigter Lehrer, die selbst von anderen Lehrern durchgeführt wird, unterschätzt. Außerdem findet die Pflege der Schulgebäude in den Kalkulationen keine Beachtung. Zudem betrachtet der Shopping-list-Ansatz Preise als gegeben, obwohl es während Entwicklungsprojekten einen erhöhten Bedarf an geschultem Personal und anderen Faktoren gibt und die daraus resultierende Verknappung in bestimmten Regionen die Preise steigen lässt.

Asien demonstriert überzeugend, dass Wachstum die Lösung für Armutsprobleme ist. Dort startet das Wachstum in urbanen Siedlungen, die Arbeitskräfte aus der Umgebung beschäftigen. Die Arbeitsintegration führt zur industriellen Expansion in die weniger gut geführten Bezirke, aus denen die Arbeiter kommen. Die MDGs können wegen ihrer Komplexität nicht einfach mit Regeln und klaren Effekten umgesetzt werden. Wie in Asien kann Entwicklung ihren Anfang finden, wenn Regierungen die richtigen Impulse geben, ohne jede Einzelheit steuern zu wollen. (Keyzer und van Wesenbeek, 2007)

3.4 Welthungerindex

Der Welthungerindex (WHI) wurde vom International Food Policy Research Institute entwickelt. Der Index beschreibt seit 1990 die Ernährungssituation eines Landes. Er setzt sich aus drei Komponenten zusammen:

1. Der Anteil der Unterernährten in der Bevölkerung
2. Der Anteil der Kinder unter fünf Jahren mit Untergewicht
3. Der Anteil der Kinder, die vor Erreichen des fünften Lebensjahres sterben

Die Berechnung erfolgt mit prozentualen Werten, die alle gleich gewichtet werden (WHI, 2008, S. 34).

Es können sich WHI-Werte von 0 bis 100 ergeben. Allerdings sind extreme Werte wie 0 oder 100 sehr unwahrscheinlich, da 0 bedeuten würde, dass 0 Prozent der Bevölkerung untergewichtig sind und kein Kind unter fünf Jahren stirbt. Andersherum würde ein Index von 100 bedeuten würde, dass die gesamte Bevölkerung untergewichtig ist und alle Kinder unter fünf Jahren sterben.

Bei einem Wert <4,9, herrscht wenig Hunger, bei einem WHI von 5,0 bis 9,9 hungert die Bevölkerung mäßig. Die Lage ist ernst bei einem WHI zwischen 10,0 und 19,9. Als sehr ernst wird das Hungerproblem bei einem WHI von 20,0 bis 29,9 angesehen. Wenn der WHI über 30 liegt, ist die Lage gravierend (WHI 2008, S. 8).

4 Hunger hat viele Ursachen

Armut führt zu einer schlechten Ernährungssituation, da arme Menschen kaum Zugang zu Nahrung haben. Dadurch sind sie nicht in der Lage zu arbeiten und somit schließt sich der Teufelskreis der Armut, (WHI, 2009, S. 19) in dem Armut Hunger und Hunger Armut bedingt. 485 Millionen Menschen leben unter der Armutsgrenze, sie haben 0,75 bis 1 US$ am Tag zur Verfügung. Als arm gelten 323 Millionen Menschen, deren Einkommen zwischen 0,5 und 0,75 US$ am Tag beträgt und 162 Millionen „sehr arme" Menschen leben von weniger als 0,5 US$ am Tag (WHI 2008, S. 19 nach Ahmed et al. 2007)

Steigende Nahrungsmittelpreise sorgen dafür, dass sich viele Menschen, besonders die Armen, keine Nahrungsmittel mehr leisten können. Menschen die sich anfangs genug

Lebensmittel leisten können und daher nicht als arm gelten, können in prekäre Lebenslagen geraten, wenn die Preise steigen und sie für die gleiche Menge an Nahrung mehr zahlen müssen. Gründe für einen Preisanstieg bei Lebensmitteln können Naturkatastrophen wie anhaltende Dürren, Überschwemmungen und Erdbeben sein, die das Nahrungsangebot verringern. In der folgenden Abbildung wird dieser Fall grafisch dargestellt.

Abb1: Angebotsrückgang verändert Gleichgewicht

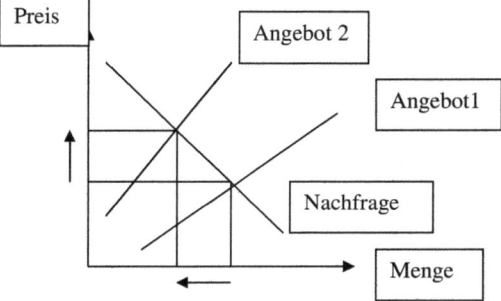

Quelle: eigene Darstellung nach Mankiw 2004, S. 87

Wenn die Angebotskurve sich unter der Bedingung ceteris paribus, das heißt alle anderen Bedingungen verändern sich nicht, nach links verschiebt, geht die Menge auf dem Markt zurück und der Preis steigt.

Das Niveau von Nahrungsmittelpreisen kann mit Hilfe des FAO Food Price Index beurteilt werden. Um den Food Price Index zu ermitteln, werden verschiedene Nahrungskomponenten anhand ihres Anteils am globalen Nahrungshandel gewichtet. Der FAO Food Price Index (FFPI) ist im Mai 2009 im Vergleich zum Vormonat um 6 % gestiegen und erreicht damit den höchsten Wert seit Oktober 2008, liegt aber immer noch 30 % unterhalb des Höchststandes von Juni 2008.

Abb2: FAO Nahrungsmittelpreisindex

FAO Nahrungsmittelpreisindex

Index-Werte (Auswahl): 90, 92, 90, 98, 111, 115, 122, 154, 191 über die Jahre 1998–2010.

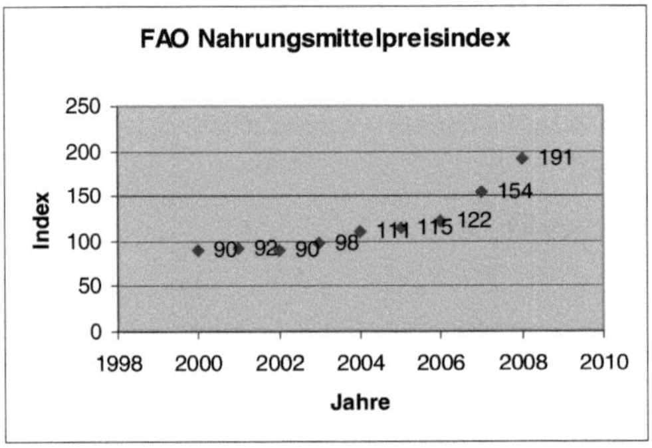

Quelle: eigene Darstellung nach faostat

Im Folgenden wird die Entwicklung einiger ausgewählter Produktgruppen anhand des Nahrungsmittel Preis Indexes beschrieben.

Getreide:
Im Mai 2009 beträgt der durchschnittliche Index 188. Das ist 4 % höher als der Wert des Vormonats, aber 32 % geringer als im April 2008. Dank der Rekordernte 2008 und daraus resultierender Erholung der Bestände beruhigen sich die Getreidepreise in der Saison 2008/09. In den letzten Wochen stiegen die Getreidepreise aufgrund von Trockenheit in Südamerika und aufgrund des nassen Wetters und folglich verzögerter Pflanzung in den Vereinigten Staaten wieder an.

Öle/Fette:
Der Preisindex für Öle und Fette steigt im Mai 2009 im Vergleich zum Vormonat um 14 % an. Die Nachfrage von Ölen und Fetten ist im Nahrungsmittelsektor und im Non-Food-Bereich gestiegen.

Fleisch:
Der Index-Wert für Fleisch beträgt im Mai 2009 115, das sind 19 % weniger als der Höchstwert im September 2008. Der Rückgang gilt vor allem für Rind-, Schaf-, und Geflügelfleisch. Die Schweinefleischpreise sind hingegen relativ stabil geblieben. Die gesunkenen Preise spiegeln die labile Nachfrage wieder, die durch die Rückkehr von Tierseuchen ausgelöst wurde.

Milch:

Der Index für Milchprodukte erreicht im November 2008 sein 20-Monats Tief und fällt im ersten Quartal 2009 weiter ab. Im April erreicht er einen Wert von 117, im Mai 124. Der Index steigt im Mai wegen des fallenden US Dollars. Die Preise für Milchprodukte betragen etwa die Hälfte des Vorjahresstandes.

Zucker:

Die Zuckerpreise erreichen im Mai 2009 ihr Drei-Jahres Hoch mit einem Wert von 228 und liegen damit 19 % höher als im April 2009. Die starke Preissteigerung ist mit erheblichen Ernteausfällen des zweitgrößten Zuckerproduzenten Indien zu begründen. (FAO, 2009,a)

Abb3: FAO Nahrungsmittelpreisindex verschiedener Nahrungsmittelgruppen

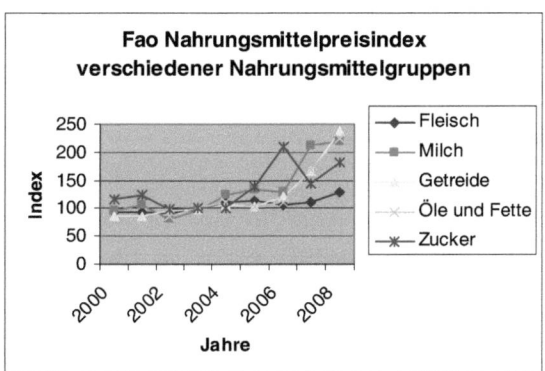

Quelle: eigene Darstellung nach faostat

5 Ansätze zur Lösung des Hungerproblems

Nahrungsmittelhilfe ist ein Ansatz zur Bekämpfung von Hunger und entspricht 5 % der Entwicklungshilfe. Die Geber kaufen $1/5$ der Güter im Nehmerland, $4/5$ werden aus dem Geberland geliefert. Für einige Länder ist dies eine gute Möglichkeit, Agrarüberschüsse abzubauen. Das heißt aber auch, dass die Menge an Nahrungsmittelhilfe von den Ernten der Geber abhängig ist. (Welthungerhilfe, 2009)

Die Deutsche Welthungerhilfe konzentriert sich auf die Zusammenarbeit mit Menschen in armen Gegenden. Zusätzlich zur Landwirtschaft als Nahrungsproduzent sind für sie sauberes

Ansätze zur Lösung des Hungerproblems

Trinkwasser und gesundheitliche Grundversorgung wichtige Arbeitsbereiche. Direkte Nahrungshilfe wird auf Phasen des akuten Mangels begrenzt sein, damit das Selbsthilfepotenzial der Bevölkerung unterstützt wird.

Die Welthungerhilfe entwickelt ihre Nahrungssicherungsprojekte mit ihren Partnern sektorenübergreifend. Die Projekte sind passend zur entsprechenden Situation entwickelt, das heißt unter anderem, dass die Ausmaße der Hilfe an denen des Projektes orientiert sind. Ebenso wichtig wie eine Zusammenarbeit mit den Partnern ist die Koordination mit der Arbeit anderer Organisationen, um kooperative Vorteile bei der Durchführung der Hilfsmaßnahmen nutzen zu können.

Es gibt fünf wichtige Handlungsbereiche für Nahrungssicherungsprogramme:

1. Landwirtschaftliche Produktion

Die adäquate landwirtschaftliche Produktion spielt eine wichtige Rolle, da die Landwirtschaft für die nationale Wirtschaft in vielen Ländern von großer Bedeutung ist und deshalb zunächst gemeinsam mit Bauernverbänden die größten Probleme ermittelt werden, wie zum Beispiel der Selbstversorgungsgrad oder das Angebot auf Märkten. Besondere Zielgruppen sind hier meist Grundnahrungsmittelproduzenten.

2. Unterstützung von Saatgut-Unternehmen

Da viele Regierungen nicht in der Lage sind, aus eigener Kraft für Nahrungssicherheit zu sorgen, sollen Saatgut-Unternehmen auf- und ausgebaut werden, um einen Beitrag zur Nahrungssicherheit zu leisten

3. Verbesserung des Zugangs zu Trinkwasser

Viele Menschen haben nur ungenügenden Zugang zu Trinkwasser. Dies gilt für urbane Gegenden ebenso wie für die armen Gebiete. Die Beschaffenheit des Wassers soll im Hinblick auf die Hygiene verbessert werden und die verfügbare Menge soll gesteigert werden.

4. Grundlegende Gesundheitsfürsorge und Ernährungsberatung

Hilfprogramme müssen auch vorbeugende und therapeutische Maßnahmen beinhalten, die besonders wichtig für Menschen mit einem erhöhten Risiko für Unterernährung, wie Säuglinge, kleine Kinder, Schwangere und Stillende sind.

5. Auf- und Ausbau einer gemeinschaftliche Infrastruktur

Die Armut der Menschen kann reduziert werden, da beim Auf- und Ausbau der Infrastruktur Arbeitsplätze entstehen. Mit einer besseren Infrastruktur werden Märkte für die Bevölkerung zugänglich, wodurch sie von den Angeboten an Gütern oder Arbeit auf den Märkten profitiert, oder mit selbst produzierten Gütern handeln kann.

Zum Erreichen dieser Ziele greifen die Nahrungssicherungsprojekte auf eine grundlegende Erhebung und Einschätzung des Ernährungsstatus und Bewertung der Projektauswirkung zurück. So werden anthropologische Daten der Kinder unter fünf Jahren gesammelt. Die Dokumentation ist wichtig, um die Ernährungssituation beurteilen zu können. Da das Nahrungsangebot in den Haushalten saisonabhängig ist, kann es nicht als zuverlässige Messgröße genutzt werden.

Frühwarnsysteme für landwirtschaftliche Produktionsausfälle können helfen, bei einer Nahrungsunterversorgung frühzeitig gegenzusteuern. Wichtige Basisdaten für ein Frühwarnsystem sind standardisierte Informationen über die erwartete Nahrungsproduktion. Hierzu können auch Erfassungen über Regenmengen und Schädlingsbefall zählen. Um das Marktangebot zu schätzen, wird das Preisniveau der Grundnahrungsmittel erhoben. Wenn es ungewöhnlich selten regnet oder der Absatz ungünstig ist oder die Preise steigen, werden weitere Krisenindikatoren benötigt, um mögliche Folgen vorherzusagen. Diese Folgen könnten zum Beispiel sein:
- steigende Abwanderung für Erwerbsarbeit in andere Regionen
- steigender Fleischverkauf mit folgendem Preisabfall auf dem Markt
- steigende Produktion von Produkten wie Kohle und fallende Preise aufgrund des Überschusses

Für eine konkrete Vorhersage ist es wichtig, das Wissen der Landwirte mit einzubeziehen, da diese ihre Umwelt feinfühliger beobachten und daher genauere Vorhersagen liefern, als eine reine Datenauswertung dies könnte.

Die Schlagworte „Food for Work" und „Cash for Work" finden sich in vielen Hilfsprogrammen wieder. Sie stehen für ein weit verbreitetes Instrument von Ernährungssicherungsprogrammen.

Bei der Food for Work Idee soll Nahrungsmittelhilfe für einen besseren Ernährungsstatus der Menschen sorgen, damit sie leistungsfähiger sind und in die Lage versetzt werden, einer Erwerbstätigkeit nachzugehen. Die Cash for Work Idee setzt bei der Entlohnung der Menschen für ihre Arbeit an. Hier soll eine gerechte Bezahlung den Menschen ermöglichen, ihre Armut zu bekämpfen und an ihrem Entwicklungsprozess aktiv teilzuhaben (Kracht, 2005 S. 846-851).

Es wurde gezeigt, dass Nahrungsmittelhilfe einen Beitrag zur Reduktion der Armut leisten kann, sie aber auch kritisch zu betrachten ist. Wenn Nahrungsmittel auf den Markt der Nehmer gebracht werden, steigt die angebotene Menge und der Preis sinkt. Das Einkommen der heimischen Erzeuger sinkt ebenfalls. Dadurch verschwinden heimische Erzeuger vom Markt und die Entwicklungsländer werden von der Nahrungsmittelhilfe abhängig (Welthungerhilfe, 2009).

6 Fazit

Abschließend ist festzuhalten, dass das Hungerproblem in naher Zukunft nicht bewältigt wird und die gesetzten Ziele wahrscheinlich nicht bis 2015 durchgesetzt werden können. Der Hunger in der Welt lässt sich nicht allein durch das Beheben des offensichtlichen Mangels an Nahrung bekämpfen, sondern erfordert strukturelle Veränderungen in den betroffenen Ländern, wie zum Beispiel den Ausbau eines Gesundheitssystems und der Infrastruktur, so dass die Bevölkerung in die Lage versetzt wird, ihre Entwicklung eigenständig voranzubringen.

Literaturverzeichnis

Anderson, S.A. (1990). The 1990 Life Sciences Research Office (LSRO) Report on Nutritional Assessment defined terms associated with food access. Core indicators of nutrtional state for difficult to sample populations. *Journal of Nutrition.* 102:1559-1660

Der Brockhaus Ernährung. Gesund essen, bewusst leben. Leipzig, Mannheim: Brockhaus 2001

Grebmer et al „Welthunger-Index Herausforderung Hunger 2008", 2009

Holben, David "The Concept and Definition of Hunger and Its relationship to food insecurity"

Kracht, Uwe und Schulz, Manfred „Food Security and Nutrition The Global Challange" St. Martin's Press, New York, 1999

Kracht, Uwe und Schulz, Manfred, Food and Nurition Security in the Prozess of Globalisation and Urbanization, Lit Verlag, Münster, 2005

Kreyzer, Michael und van Wesenbeeck, Lia "The Millennium Development Goals How realistic are they?" von: www.ifpri.org/2020Chinaconference/pdf/beijingbrief_keyzer.pdf 29.05.09

Mankiw, N. Gregory, 3. Auflage, Schäffer-Poeschel Verlag Stuttgart, 2004, S.87

"The Millennium Development Goals Report 2008", Hersg. United Nations Department of Economic and Social Affairs (DESA) - August 2008

http://www.amnesty.de/alle-30-artikel-der-allgemeinen-erklaerung-der-menschenrechte 07.07.09

http://www.fao.org/docrep/011/ai482e/ai482e15.htm 06.06.09

http://www.fao.org/faostat/foodsecurity/index_en.htm 09.06.09

http://www.fao.org/wfs/index_en.htm 06.06.09

http://www.fian.de/fian/index.php?option=content&task=view&id=390&Itemid=327 04.06.09

http://www.welthungerhilfe.de/1426.html 12.06.09

http://www2.ohchr.org/english/issues/millenium-development/ 25.05.09